趣讲科学史

三万年的数学：从数的起源到黄金分割

海上云 著

圆周率

$\pi = 3.14159$
2653589793
$23846\cdots\cdots$

天地出版社｜TIANDI PRESS

图书在版编目（CIP）数据

三万年的数学. 从数的起源到黄金分割 / 海上云著
. 一成都: 天地出版社，2024.1
（趣讲科学史）
ISBN 978-7-5455-7932-1

Ⅰ.①三… Ⅱ.①海… Ⅲ.①数学史—世界—青少年
读物 Ⅳ.①O11-49

中国国家版本馆CIP数据核字（2023）第159932号

SANWAN NIAN DE SHUXUE: CONG SHU DE QIYUAN DAO HUANGJINFENGE

三万年的数学：从数的起源到黄金分割

出 品 人	杨　政
总 策 划	陈　德
作　　者	海上云
策划编辑	王　倩
责任编辑	刘桐卓
特约编辑	刘　路
美术编辑	周才琳
营销编辑	魏　武
责任校对	梁续红
责任印制	刘　元　葛红梅

出版发行	天地出版社
	（成都市锦江区三色路238号　邮政编码：610023）
	（北京市方庄芳群园3区3号　邮政编码：100078）
网　　址	http://www.tiandiph.com
电子邮箱	tianditg@163.com
经　　销	新华文轩出版传媒股份有限公司

印　　刷	北京博海升彩色印刷有限公司
版　　次	2024年1月第1版
印　　次	2024年1月第1次印刷
开　　本	889mm×1194mm　1/16
印　　张	7
字　　数	120千字
定　　价	30.00元
书　　号	ISBN 978-7-5455-7932-1

目录

第1讲

刻骨铭心的刀痕
——数的起源

《荒岛余生》的每一天

不知道大家有没有看过汤姆·汉克斯主演的《荒岛余生》？

电影讲的是快递公司的一名快递小哥查克，在送快递时在南太平洋上空遇到大风暴，乘坐的飞机坠落，他流浪到荒岛的故事。这个故事与《鲁滨孙漂流记》十分相似。

▲《荒岛余生》中的刻痕计数

查克在岛上学会了下水捕鱼、钻木取火等现代都市人已经遗忘的生存技巧。他还给一个排球取名为威尔森，整天对着脾气和耐心第一好的威尔森叨叨不停。

▲《鲁滨孙漂流记》里的刻痕计数

四年过去后，查克建造了一只木筏，在海上漂流了数百里，最后，被一艘路过的"慢递公司"货轮救起。

电影中有一个非常有趣的细节。这位应该是学过中学数学的快递小哥，为了记录在岛上度过的日子，每天在树上刻数。他刻的不是阿拉伯数字1、2、3、4、5，而是过一天刻下一道竖痕，第五道痕是斜杠。这样，五天为一组，用来记录日子。

《鲁滨孙漂流记》里的那位鲁前辈，也是在木头架上刻痕来记录日期的。

他们明明学过现代或近代的数学，有先进的数学知识来计数，为什么会不约而同地使用这种原始笨拙的计数方法呢？

刻痕计数

其实，在人类还没有发明文字和数字之前，咱们的先祖刚开始计数的时候，也是这么干的。用"刻痕"来计数，计一个数，就刻上一刀。快递小哥查克和鲁大哥用刀刻痕来记录日子，不是返祖现象。实际上，在原始的环境中，过一天刻一刀，这样刻痕计数是最方便的办法。

考古学家在捷克发现了一根有刻痕的狼骨，骨头长7英寸（约18厘米），上面有55道刻痕，每5道刻痕为一组。科学家确认这根狼骨距今3万多年了；同时也确认了，刻下这55道痕迹的人，并不是和这头狼有仇，而是用刻痕来计数。

大家看看这功底，是不是和快递小哥的差不多？

科学家还在尼罗河源头附近，发现了一根有2万年历史的"伊塞伍德骨"，它是狒狒的大腿骨，在上面也有密密麻麻的刻痕，也是用来计数的。

▲ 骨痕计数

另外，古人还有结绳记事和结绳计数，就是出远门打猎时拿着一根长绳子，每过一天打一个结，这样就知道离开家出来了几天。

诗人席慕蓉有一首《结绳记事》的诗：

有些心情，一如那远古的初民

绳结一个又一个的好好系起

这样　就可以

独自在暗夜的洞穴里

反复触摸　回溯

那些对我曾经非常重要的线索

落日之前　才忽然发现

我与初民之间的相同

清晨时为你打上的那一个结

到了此刻　仍然

温柔地横梗在

因为生活而逐渐粗糙了的心中

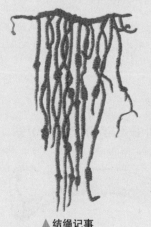

▲结绳记事

你看，结绳记事在诗人笔下是多么浪漫啊。这些绳结和刻痕，是人类计数的开始。万事万物万数，都是从"一"开始的，由"一"而累积，构建了我们的世界。我们可以想象一下，某一个豪富的古代人，炫耀他一个亿的小目标时，身边布满成堆刻痕的兽骨，该是怎样壮观的景象。

有了"一"之后，人类就有了数的概念。

数的概念

后来，人们发现，这些数的概念，不仅可以用来计数，如数"一只羊、一只羊、一只羊……"，还可以用来表示一个地方有多远、一个人有多高、猎获的野猪有多大。这就是最早关于度量衡的概念。

度量衡

什么是度量衡呢？"度"就是长度，"量"就是体积，"衡"就是重量。

我们以"度"为例子，来简单说一说它的演变历史。

怎么表示一个长度呢？古人首先想到的是自己的身体。

据传在远古的中国，女子择婿一般以身高一丈为标准，故一个成年男子的身高，被计为一丈，这也是"丈夫"这个词的由来。在中国商朝的时候，一丈相当于现在的 1.69 米。当然，后来一丈的高度在不同朝代有了变化。

在埃及，以国王手臂为标

度

量

衡

▲ 度量衡

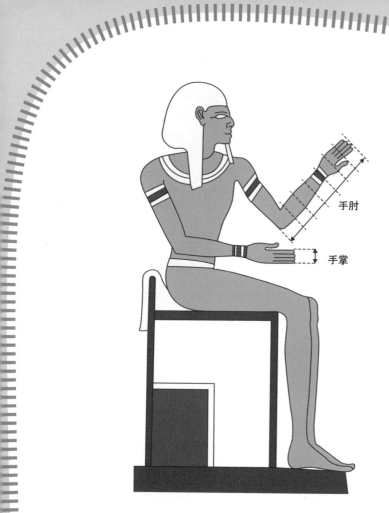

手肘

手掌

◀ 腕尺的由来

准，从肘拐到中指尖的距离，钦定为一腕尺。

在英国，当大家对统一的长度争论不休的时候，国王大喊一声：都别争了，以我脚的长度为标准！这就是英尺的由来，英尺的英文 foot，就是脚丫子。

有了这些长度，古人在建房子、修金字塔、分土地、开河治水时，就有了尺度。

从"度"在历史上的起源来看，它的定义一开始是非常随意的。每个人的身高、手长度、脚长度，都是不一样的。后来的国王、后来的丈夫，也不一定认账啊。这也就造成了不同地区的"度"的不一样。使用不一样长度单位的人，相互交流和合作时是很不方便的，这正是当年秦始皇统一中国后，要统一度量衡的原因。

米的来历

我们现在的标准长度单位"米"是怎么来的呢?

1789 年,法国提出了 1 米的新概念。这个定义比较复杂。我们把巴黎和北极点想象成一个圆形西瓜上的两个点,通过这两点一刀劈开西瓜,正好分成一样大的两个半球。从数学上说,这个西瓜的剖面,是一个大圆。从北极点到赤道的圆弧线,就是这个大圆周长的四分之一。法国人把这个圆弧的一千万分之一定义为 1 米。是不是很复杂,很任性,很自大?

根据这个定义,地球周长应该是 40000 千米。由于地球并不是完美的球形,地球通过极点的周长要比 40000 千米多一点(40007863 米)。所以,"米"的最初定义实际上不是很精准。从 1983 年起,"米"的长度被定义为"真空中,光在 299792458 分之一秒内行进的距离"。因为光的速度是很精准的,所以,这个"米"的定义也很精准。当你看到"一米阳光"这个短语的时候,是否觉得很有诗意?它实际上还是一个非常严谨科学的数量词短语呢。

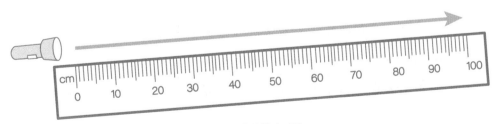

▲ 米的精确测量

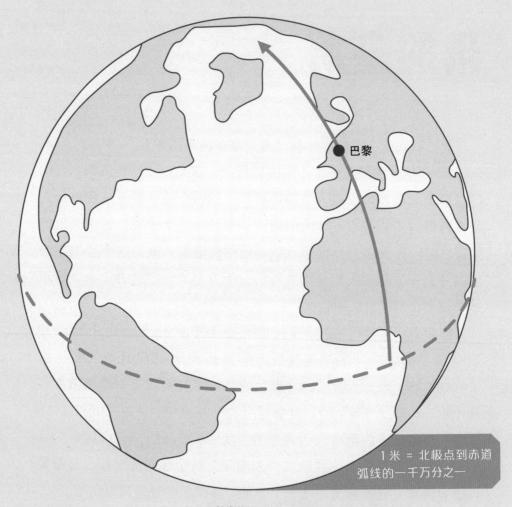

巴黎

1 米 = 北极点到赤道
弧线的一千万分之一

▲ 长度单位"米"的由来

现代科学的度量衡，1 克质量，用碳 12 原子的质量来定义。1
秒钟时间，用铯原子产生的电磁波的频率来定义。它们都和原子有
关，是原子级别的，精度非常高。喜欢钻研的同学，可以去做进一
步的了解。

如果我们回望历史，会看到几万年前的古人，在骨头和洞壁上

铯原子

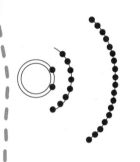

▲ 在原子级别定义时间

刻下一道痕迹、在绳子上打一个结来计数。从那时候起，人类开始了用"数"来认识和记录这个世界。这些简简单单的刻痕和绳结，是人类跨进数学这个领域的第一步。

很多我们现在看来很简单的知识，它的价值应该放在当时的历史条件下评估，我们不能因为简单而贬低它。

老子说："合抱之木，生于毫末；九层之台，起于累土。"科学的知识，都是一点一点积累起来的。而我们这篇"数的起源"的故事，是"伊塞伍德骨"上的第一道刻痕，也是我们对于数学世界源头最遥远的一次回望。

1. 万年前的先民用刻骨来计数，但是，你知道吗，现代人还会在某些场合用简单的划痕来计数。比如我们投票选班长时，将"正"计作"5"，并以此为单位计票；在西方，是用四竖中间一横来计"5"，在《荒岛余生》里，主人公也是这样计数的。想一想，这是为什么？

2. 为什么秦始皇要统一度量衡？

3. 为什么我们要制定原子级别的度量衡？

刻痕记事

把对这个世界的爱、恨，

和记忆，

刻成骨痕，

第一刀是月下怦然的心跳，

最后一刀是雨中流过的热泪。

当这根骨头在万年之后出土，

洗磨的沧海之水，

只能数出，未曾风化的长短深浅。

而我们的故事，

早已全部被尘土忘记。

第2讲

位置很重要
——位值计数

那些大数

当万年之前的古人发明用刻痕和绳结来计数的时候，生活中碰到的数还不是很大，无非就是记一下，昨天和小丁一起打了几只兔子，今天送了小红几根骨头之类的数。

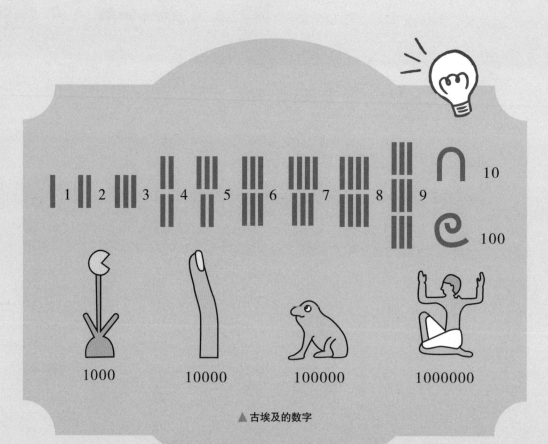

▲ 古埃及的数字

后来，部落规模慢慢发展壮大，人们需要用到的数也越来越大，在骨头上密密麻麻动刀子显然太不方便了。怎么办呢？人们发明了一些特殊的符号来表示大的数。

比如，中国的文字里有"十""百""千""万""亿""兆"等。

古代埃及人，用一个形状像套在牲口脖子上的曲木的符号表示"十"；用一圈绳子的符号表示"百"；用一个莲花符号表示"千"；用一个跪坐在地上、双手朝天的神表示"百万"，这是只有国王才能用的一个数。

这里插一件逸事。在考古学上，第一个揭开古埃及象形文字秘密的人，是托马斯·杨，他也是发明双缝实验的物理学家兼医生。

用一些新的符号来表示大的数，这是人类数学史上跨出的第二大步。这和文字的发明，应该是差不多同时期的事。

而古代数学史上接下来更大的一步，是由中国人率先跨出的。

位值法

在中国商代，古人想出了一种表示数的新方法。同一个数码，在不同的位置上，表达的数值是不一样的。比如，在最右边的位置上刻上两刀，表示"二"；而如果这个位置往左移一点，刻上两刀，则表示"二十"。这种"位置不同、数值不同"的方法，被称为"位值"——位置和数值合起来表示一个数。第一个想出位值这种计数方法的，一定是一个天才。

十进制

这个位值方法，后来发展成了十进制：每满十，往上进一个单位。10个一进为十，10个十进为百，10个百进为千。为什么是十进制？据说和人的10个手指头有关系。

十进制，使得商朝人只需要9个数字，就能表示任意大的数！这在世界数学史上都是一个伟大的创造。

古代美洲玛雅人虽然懂得位值，但他们用的是二十进制，需要十九个数码。二十进制可能是玛雅人手脚并用发明出来的。

zero	one	two	three	four
five	six			

◀古玛雅人的数字

六十进制

苏美尔人和古巴比伦人也知道位值，但用的是六十进制，需要
59 个数码。

六十进制的发明是来自什么灵感呢？是三个臭皮匠手脚并用
吗？非也，非也。六十进制是因为 60 是个奇妙的数字，它可以被
1、2、3、4、5、6 整除。这是一个非常难得的特性，而 60 是具备

▲ 古巴比伦的数字

这个特性的最小的数。想一想古人们一起分食物吃，能够整除和等分，是非常重要的，可以避免分骨头不公平引起的打架斗殴。所以，从某种意义上来说，发明六十进制的人的心愿，是为了世界和平。

　　当然，关于六十进制还有一种说法：伸出你的手掌，除了大拇指，你看每根手指有几个关节呢？3个关节。那么，除了大拇指，一只手有几个关节呢？数一下，共有12个指关节。当人们数数的时候，用一只手的5根手指，乘另一只手的12个关节，12×5=60。这就是六十进制由来的另一种说法。那么，六十进制究竟是怎么来的呢？可惜考古尚未探明。

算筹

二十进制和六十进制，在计数和运算上都很复杂，远不如十进制来得简捷方便。

有了十进制之后的中国人，口袋里放十几根同样长短和粗细的小木棍，就能进行一千以内的计数和加减乘除了。这些小木棍，叫算筹。它起源的具体时间已无法考证，但是，在春秋时期就已经非常成熟和流行了。

一根算筹竖着放，表示一。

二根算筹竖着放，表示二。

以此类推，一直到五根算筹竖着放，表示五。

六就有变化了，上面一根横放，下面一根竖着放。

七，上面一横，下面二竖。

八，一横三竖。

九，一横四竖。

只要五根算筹，就能表示一到九的算符。

然后根据十进制，在不同位置上分别表示十、百、千、万。

这样一来，只要用十五根算筹，是的，仅仅十五根，就能表达一千以内所有的数了。大家想一想是不是？

	0	1	2	3	4	5	6	7	8	9
纵式		I	II	III	IIII	IIIII	T	丅	丠	丣
横式		─	=	≡	≣	≣	⊥	⊥	⊥	≜

▲ 中国古代的算筹

十六进制

中国的古人除了发明十进制，还发明了十六进制。大家知道"半斤八两"这个成语吧？在古代，半斤等于八两，一斤等于十六两。这就是十六进制。

那么，为什么在重量上采用十六进制呢？

古人用杆秤来称重，秤杆上要刻上秤星，表示斤和两。如果采用十进制，一斤等分成十两，这需要把秤杆上的一个长度，等分成10份。这对于古人很难，你如果不相信，不妨自己动手试试看。

▲ 中国的秤

十六进制	十进制	十六进制	十进制	十六进制	十进制
0	0	6	6	C	12
1	1	7	7	D	13
2	2	8	8	E	14
3	3	9	9	F	15
4	4	A	10		
5	5	B	11		

▲ 十六进制和十进制

古人想出了一个巧妙的方法。虽然把一个长度分成10等份很难，但是分成16等份很容易啊。只要用一根绳子不断对

▲ 二极管和二进制

折就可以了。对折一次，2 等份；对折两次，4 等份；对折三次，8 等份；对折四次，就得到了 16 等份！这就是古代人的智慧！

再看算盘，每一列上面两颗算珠，下面五颗算珠。上面的算珠每颗表示 5。这样，5 加 5 加 5，每一列可以表示的最大的数是 15。如果是 16，就进位到左边一列。所以，算盘其实是按照十六进制来设计的。现在用算盘做十进制运算，每一列顶上、底下各一颗算珠是多余的。

现代的计算机程序语言中，很多地方用到了十六进制，用英文字母 ABCDEF 分别表示 10~15。

中国人除了为世界贡献了十进制和十六进制，似乎无意中还和发明二进制有关。这个在八卦中有 2000 多年传承的神秘学说，在现代计算机和信息处理中，焕发了新的活力。

▲ 中国的算盘

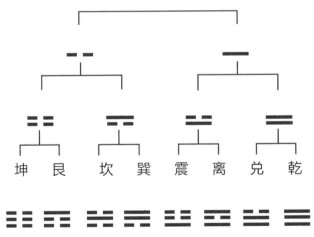

坤　艮　　坎　巽　震　离　兑　乾

八卦口诀：乾三连，坤六断；震仰盂，艮覆碗；离中虚，坎中满；兑上缺，巽下断

▲ 二进制和八卦

二进制

　　二进制，只用 0 和 1 两个数码，逢二进位，就能表示任意的数。在计算机的硬件中，用半导体晶体管设计出一个个非常微小的开关，用"开"来表示 1，"关"来表示 0。运算规则简单，操作方便。整个计算机的世界，就是搭建在二进制基础之上的。

　　从最早的刻满刀痕的骨头，到用特殊符号代表大的数，再到位值方法和各种进制的发明，人类终于可以用少量的数码，来计量这个广阔的世界。

　　仔细考量这个过程，我们发现它从简单到复杂、再回归到简单的特点。这或许也是很多科学探索共有的一个历程。

　　同时，我们也能看出一个规律：人们发现了解决问题的方案，如用刻痕来计数，一开始很好用。但是，随着时间的推移，新的问题出现了，如成千上万的大数，老方法解决不了新的问题。这时候，人们又想出新的方法来解决，比如用专门的符号表示大的数。而随着事物的发展，新的方法又碰到了局限。**人类对于科学的探索，就是这样一步一步深入，一次一次碰壁，又一步一步想出新的方法，解决新的问题。科学的探索，永远没有尽头，没有终点。**

三思小练习

　　1. 十六进制的优势是什么？

　　2. 如果在某一个星球，上面的智能生命都是 8 根手指，你觉得他们很可能会用多少进制？

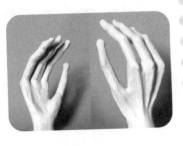

科学也诗意

位值人生

一枚算珠，
便是一个登山的旅人，
在命运的手指间，
从个位，跃进到十位，升到百位。

若穷于低位，则独善其身，
小隐于市、于野，
心中拥一片丰足的天地。

若达于高位，则兼济天下，
担当起应担的风雨，
山顶的白雪和不胜寒，
是美不胜收的风景。

当时光的色泽最终褪去，
剥离位值上赋予的含义，
一颗温润的木心，
是它真正的本意。

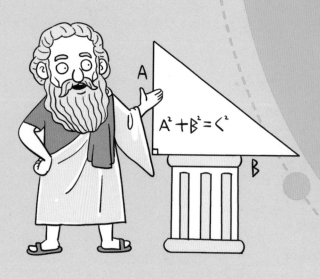

悟空之不空

——0 的来历

O 的出现

在十进制被发明之后，中国的古人是用9个符号来表示数的。你没看错，是9个，而不是10个。他们是用一个空格来表示没有的。这在哲学上也很有道理：既然没有，既然空无一物，就让它空着。不过，空位用起来不是很方便，也容易被看漏。

O 与佛教

▲ 阿耶波多

公元500年前后，也就是中国的南北朝时期，古印度的数学兴盛了起来。

由于深受佛教大乘空宗的影响，古印度的数学家阿耶波多专门用一个符号来表示"空"，即"没有"。一开始用的是一个点"·"，后来用圆圈表示。它的梵文，汉语音译为"舜若"，意译为"空"。

0 的出现，是数学史上的一大创造。

古印度数学家们发现 0 很奇特，甚至诡异。我们来看：

任何数字加上 0 或减去 0，还是等于该数。所以，0 是空无，似乎可有可无啊。

但是，0 乘任何一个数，都使这个数变成 0。所以，0 也很霸道吧。佛教大乘空宗这一支，强调"一切皆空"，世间万物，碰到 0，马上成"空"，真是"是非成败转头空"。

0 的意义还在于，通过它可以定义负数，使得负数成为可能。一个负数，加上和它对应的正数，等于 0。

0 是正数和负数的分界点，也是我们坐标系的原点。没有 0 就没有原点，也就没有了坐标系。这种认识，同样有可能受了大乘空宗的启发。佛教大乘空宗的"空"，在某种意义上也可以看作原点，是佛教中认识万事万物的根本出发点。

0 发展到后来，并不仅仅是"空"了。比如，0℃并不是没有温度，而是冰点的温度。在此之上，冰融化；在此之下，水结冰。在地理学里，海拔 0 米，表示地势和海平面一样高。荷兰就有许多地方在海平面以下，属于洼地，海拔是负的。

当 0 和其他数字结合在一起，跟在其他数字后面，会让一个数变得非常大。比如，在 1 后面跟一个 0，就是 10；跟两个 0，就是 100。

最让人惊异的是，1÷0 是多少呢？任何数字除以 0，都会摧毁整个运算逻辑！所以，古希腊的数学家不愿意承认"0"这个数字概念。

后来的古印度数学家发现，分母为 0 的分数是无法计算的。他们认为这种无法计算的数字，便是无限大。于是，一个似乎是最小又无关紧要的数字 0，与无限大建立了联系。

阿拉伯数字的奇幻漂流

古印度人在发明 0 之前，已经发明了另外 9 个数字的符号，每个符号只用一笔就能写下来，非常方便。相比之下，无论是苏美尔人的数字、古巴比伦人的数字、古埃及的数字，还是中文数字，都采用了象形文字，远不如古印度人发明的符号简便。

古印度婆罗米文中的数字	一	=	≡	+	Ｎ	℮	?	?	?
印度梵文中的数字	0	?	?	?	?	?	?	?	?	?
阿拉伯数字	.	?	?	?	?	?	?	?	?	?
欧洲中世纪数字	O	I	2	3	?	?	6	?	8	9
现代数字	0	1	2	3	4	5	6	7	8	9

▲ 数字的演变

就这样，古印度人发明和完善了带有 10 个简易符号的十进制计数系统：0、1、2、3、4、5、6、7、8、9。

这 10 个数字中，0 是最后发明的，是老幺。但是，它在数学界和数学家心目中的地位，却是最高的。

到了 7 世纪中叶，阿拉伯国家强盛起来，并侵入古印度。有一位古印度的天文学家把这套数字系统当作宝贝进献给了当时的阿拉伯国王。国王一看，这套计数法真是太简单方便了，所以，这套方法很快在阿拉伯国家流行了起来，并有了一些演变。

28	4	3	31	35	10
36	18	21	24	11	1
7	23	12	17	22	30
8	13	26	19	16	29
5	20	15	14	25	32
27	33	34	6	2	9

在元代安西王府遗址（在今陕西省西安市）中发现的正方形铁板上面，有 36 个奇怪的符号。据考证，它们就是古代的阿拉伯数字。无论是横、竖还是对角相加总和都是 111。古代阿拉伯人认为，这个神奇的数字规律可以用来保命治病，并把它当作护身符

▲ 幻方上的古代阿拉伯数字和现代阿拉伯数字

到 13 世纪时，有一个意大利人叫斐波纳奇，他在阿拉伯国家做生意的时候，碰到了这套计数法，大为叹服。回到意大利后，他写了一本书叫《计算之书》，系统介绍和运用了印度数字。

但是，一来因为传统，二来担心这些数字容易被篡改，所以，当时欧洲的很多国家制定法规，禁止使用这些数字。

与当时欧洲使用的冗长繁杂的罗马数字相比，这种数字计法有很大优越性。所以，大家都喜欢用，渐渐地谁也不能阻挡它流行的脚步了。

由于这些数字是欧洲人从阿拉伯带来的，欧洲人一直称它为"阿拉伯数字"。

那么，阿拉伯数字是在何时传入中国的呢？目前并无确证。但已知的，先后有两次：第一次在 8 世纪初的唐代传入了中国，但不

久就失传了。第二次大概在13—14世纪的元代。由于中国古代用"算筹"，使用起来也比较方便，所以，阿拉伯数字当时在中国没有得到及时的推广运用。

20世纪初，随着中国对外国数学成就的吸收和引进，阿拉伯数字才开始在中国慢慢得到使用。阿拉伯数字在中国推广使用，仅仅有100多年的历史。在民国初期，认得阿拉伯数字的人是非常少的。

0 的启示

　　"0"的起源，给我们很大的启发。用一个专门的符号，来表示"空"和"没有"。之后数学本身的发展，赋予了0更多更丰富的内涵，让数学的世界更加广阔。

　　空，不再是空。当下次你看到这个0的时候，要仔细思量一番，不要把它看作"没有"，或者是一个微不足道的数学符号。迪士尼有一部讲希腊神话英雄阿喀琉斯的动画片《从0到英雄》（*Zero to Hero*），十分恰当地描述0在数学上的地位。近年来流行一个词，叫"数字英雄"。10个阿拉伯数字中，真正的数字英雄，不是别的，正是这个0。

▲《从0到英雄》海报

1. 为什么阿拉伯数字会流传开来?

2. 阿拉伯数字传入中国有多久?

3. 0 除了占据一个空位,使得记录时不再因为看漏空位而出错,还有什么作用?

零的传奇

几千年来，这个位置，
一直虚席以待，
寒江上，飞鸟绝迹的天空，
秋风一无所获。

当恒河边，
大乘空宗的梵呗，
荡开黎明和黑夜的分界，
我看见，照亮万数万物的原点，
正在天际冉冉升起。

第4讲

从不可说到刹那

——大数和小数

不可思议有多大？

当你刚开始学数数的时候，超过 10 个手指头的数，就是很大的数了。

几万年前，早先的人类刚开始会数数的时候，也是这样感觉的："22，数不过来了，好大的数啊！"

现代有人通过一粒沙的大小和地球上沙滩沙丘的大小，估计出地球上所有的沙子的数目，是 10 的 19 次方左右，还不到中文数字表达的"垓"。

一百万

一百万，这是古埃及人能想象得到的最大的数。而在中国，古人同样发明了用来表示大数的文字，比如：

亿，代表的是 10 的 8 次方；兆，代表的是 10 的 12 次方；

京，代表的是 10 的 16 次方；垓，代表的是 10 的 20 次方；

秭，代表的是 10 的 24 次方；穰，代表的是 10 的 28 次方；

沟，代表的是 10 的 32 次方；涧，代表的是 10 的 36 次方；

正，代表的是 10 的 40 次方；载，代表的是 10 的 44 次方；

极，代表的是 10 的 48 次方。

"极"，这是中国古代人能想到的最大的数，1 后面有 48 个 0。

还有人估算了我们可观察的宇宙中星星的数目。宇宙中有上万亿个像我们所在的银河系一样的星系，每个星系有上万亿颗恒星。所以，整个宇宙中的恒星有 $10^{22} \sim 10^{24}$ 颗。这才是 100~10000 个"垓"，远远小于中文里的"极"。

我们再从时间上对这些大的数做一个感性理解。目前世界上最快速的电子计算机，每秒运算的次数是 10 的 17 次方，假定它从宇宙大爆炸时（距今约 138 亿年）就开始运算，到今天，运算总次数是多少呢？才 10 的 34 次方，仍然远远小于中文里的"极"。

"极"的极致

那么，"极"是不是古人想到的大数的极致呢？

非也非也。在古代印度，佛经中包含的数字更大。你根本想象不到佛经里下面这些词的含义。

恒河沙，代表的是 10 的 52 次方；

不可思议，代表的是 10 的 64 次方；

无量，代表的是 10 的 68 次方。

下次你看到或说到"恒河沙"和"不可思议"的时候，要记得它们所表达的数值的含义。

在佛教里，最大的那个数叫"不可说不可说转"，用现代计数法表达是：

$$10^{7 \times 2^{122}}。$$

这个大数，并不是凭空想象出来的，而是从小的数开始，乘百，乘千，再不断做平方，一点一点推算出来的。

而"不可说"本身，也是一个很大的数，是：

$$10^{7 \times 2^{119}}。$$

它的 8 次方，就是"不可说不可说转"。

这个数字超出了我们的想象。下面我们来计算一下已知的宇宙空间中原子的总数——所有的星系中，所有的恒星和行星，所有的高山流水、蓝天白云、飞禽走兽，一切的一切，都分解成原子，然后计数。有研究认为，总共有 10 的 78~80 次方个原子，远远小于这个"不可说不可说转"。

由此可见，古人的想象力是多么强大！当一般人只看到和数到成千上万的时候，聪明睿智的人，已经超越了宇宙的极限，到了"不可说不可说转"。

在西方的数学界，有一个大数，叫"古戈尔"（googol），是 10 的 100 次方，在 1 后有 100 个 0。现在闻名于世的大公司谷歌（Google），取名就来自"古戈尔"这个数。

在古戈尔这个数的基础上发展出一个更大的数，就是 10 的古戈尔次方，也叫"古戈尔普勒克斯"（googolplex），比"不可说不可说转"要大很多很多。

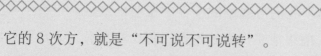

$$3 \uparrow\uparrow 3 = 3 \uparrow 3 \uparrow 3 = 3^{3^3}$$
$$3 \uparrow\uparrow 4 = 3 \uparrow 3 \uparrow 3 \uparrow 3 = 3^{3^{3^3}}$$
$$3 \uparrow\uparrow 5 = 3 \uparrow 3 \uparrow 3 \uparrow 3 \uparrow 3 = 3^{3^{3^{3^3}}}$$

▲ 葛立恒数

另外，数学家们发明了一种"葛立恒数"（Graham），比"古戈尔普勒克斯"还大。我们到此为止，不再攀比下去了。不然，你每次找一个超大的数，我比你大 1，总是能比下去。

刹那有多短？

说完了大数，我们再来看小数。

古人在实际度量和计算过程中，发现了在整数之外还有"不足""有余"的部分，如一个馒头啃掉了一半，一根粉条 4 个人分，怎么表示呢？

魏晋时期的数学家刘徽在解决一个数学难题时，提出了"微数"的概念。

分，代表的是 10 分之一；

厘，代表的是 100 分之一；

毫，代表的是 1000 分之一；

丝，代表的是 10000 分之一；

忽，代表的是 100000 分之一；

微，代表的是 1000000 分之一。

他把"忽"作为最小单位，不足"忽"的数，统称为"微数"。显而易见，"微数"的"微"是"微小"的意思，"微数"就相当于今天的"小数"。

小数运算

那么，中国的古人怎么用算筹做小数运算呢？

13 世纪，元代数学家朱世杰提出了用两层阶梯状的算筹来表达一个小数：整数的算筹放在高一格的阶梯上，小数的算筹排在低一格的阶梯上。

而在西方，小数出现得很晚。16 世纪，法国数学家克拉维斯用小圆点"."表示小数点，确定了现在表示小数的形式。不过还有一部分国家，如意大利，是用逗号","表示小数点的。

微观世界的尺度

在佛经中，表示小的数有：

须臾表示 10^{-15}，小数点后 15 位；

瞬息表示 10^{-16}；

弹指表示 10^{-17}；

刹那表示 10^{-18}；

……

涅槃寂静表示 10^{-24}。

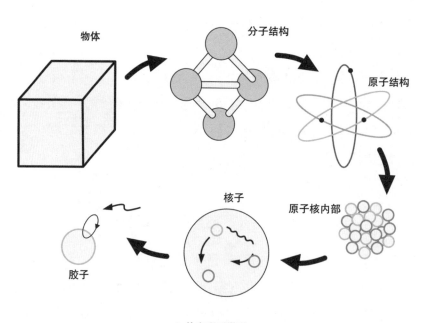

▲ 从宏观到微观

"涅槃寂静"是佛经里最小的数。

从"不可说不可说转"到"涅槃寂静"，这便是佛经中宏观到微观的跨度。

接下来我们来看看微观世界的实际尺度，粒子由大到小——

分子：10^{-9} 米；

原子：10^{-10} 米；

质子，中子：10^{-15} 米；

电子：10^{-16} 米；

夸克：10^{-18} 米。

"夸克"的大小，和"刹那"所表达的数量级差不多。只不过一个是空间量度，另一个是时间量度。

那么，在物理世界里有没有更小的、有意义的数呢？

普朗克有多小？

1900 年，德国物理学家普朗克在研究物体热辐射的规律时发现，只有假定电磁波的发射和吸收不是连续的，而是一份一份地进行的，计算的结果才能和实验结果相符。这样的一份能量叫作"量子"，用来描述量子大小的叫普朗克常数。这是一个物理常数，在量子力学中占有重要的角色。这个值等于 $6.62607015 \times 10^{-34}$ 焦耳·秒，比佛经里最小的数"涅槃寂静"还要小 10 个数量级。

我们可以从普朗克常数出发，推导出"普朗克时间"和"普朗克长度"。

"普朗克时间"是一个时间量，它的值为 5.39×10^{-44} 秒，标记了宇宙历史的起点，也就是大爆炸的真正开始时刻。我们现行的物理定律无法再往前探测，因为再往前探测，爱因斯坦的广义相对论也会失效。

"普朗克长度"是光在普朗克时间内所传播的距离，即 1.62×10^{-35} 米。这就是说，我们不可能把黑洞缩减为比普朗克长度还要小的、数学上的一个理论点。

三思小练习

1. 通过查阅资料，自己估计一下地球上沙子的数量。

2. 从你出生开始，一直到 100 岁，有多少秒？用中国古代的哪一个量级的数就可以数下来？

3. 人们为什么要定义远远超过实际应用的数字？

科学也诗意

To see a world in a grain of sand
And a heaven in a wild flower,
Hold infinity in the palm of your hand
And eternity in an hour.

——威廉·布莱克（William Blake，1757—1827年）

从一粒沙看世界，
从一朵花看天堂，
把永恒纳进一个时辰，
把无限握在自己手心。

——王佐良 译

一花一世界，一沙一天国，
君掌盛无边，刹那含永劫。

——宗白华 译

一沙一世界，
一花一天堂，
无限掌中置，
刹那成永恒。

——徐志摩 译

第5讲

把数学上升为宗教
——古代第一大数学门派

毕达哥拉斯的三大绝招

　　数，一开始的产生，就和现实的世界、日常的生活密不可分。但是，古希腊的一位大哲学家和数学家却把数抽象出来，并把它看作构成这个世界的本源，认为万物产生于数。更离奇的是，他由此建立了一个数学的门派和宗教。这个人就是毕达哥拉斯。

　　大约在公元前 570 年，毕达哥拉斯出生在希腊东部的萨摩斯岛。毕达哥拉斯是一个"富二代"，从小跟随父亲做买卖，甚至"提篮小卖"旅行到小亚细亚，见识很广。

　　公元前 551 年，毕达哥拉斯准备好好学习，来到了米利都，拜访当时希腊学术界的泰斗——泰勒斯，并拜入泰勒斯的门下学习。

　　毕达哥拉斯学成之后，去了埃及、巴比伦和印度等地游学，对东西方的哲学和科学有了广泛而深入的接触，最终形成了自己的三大绝招。

▲ 毕达哥拉斯

第一招:"本源之剑"

毕达哥拉斯通过观察和思考,把数抽象了出来:我们看到 1 个太阳、1 个月亮,一年有 365 天,人有 2 只手、2 只脚、10 根手指、10 根脚趾,你看这个世界是不是全部是由数构成的?这就是毕达哥拉斯的世界观!他把抽象的数,看作宇宙的本源,认为"万物皆数","数是万物的本质"。

毕达哥拉斯向人们描绘了一幅画面:由数可以产生点,由点可以产生线,由线可以产生平面图形,由平面图形可以产生立体图形,由立体图形可以产生水、火、土、空气四种元素。这四种元素以各种不同的方式相互转化,并创造出有生命的、有精神的世界——一个以数为基石的门派诞生了。

第二招："论证之刀"

毕达哥拉斯把数抽象出来之后，让这些数得到了无限的自由，可以任由人的想象做各种操作、推理和论证。毕达哥拉斯从数中找出了很多基本的规律和定理，对古代数学产生了巨大的影响。

毕达哥拉斯最让人铭记的贡献，就是"毕达哥拉斯定理"：一个直角三角形的直角边的平方和，等于斜边的平方。

数学史上把这个定理叫作"毕达哥拉斯定理"，有两个国家是不服的。

第一个不服的是中国。中国最古老的天文学和数学著作《周髀算经》，记载了商高与周公姬旦的对话，商高同学早就发现了"勾三股四弦五"的现象：一个直角三角形的短边叫作"勾"，长边叫作"股"，斜边叫作"弦"。如果一个直角三角形的两条直角边长度分别是3和4，那么斜边的长度就是5。这在中国被称作"勾股定理"或"商高定理"。

第二个不服的是古巴比伦。在毕达哥拉斯之前1000多年，巴比伦的泥板上就有这个定理的记载。毕达哥拉斯很可能在海外留学的时候，看到过巴比伦的泥板，了解到这个定理。这个泥板上的记号藏着数字的秘密，我们会在下一讲揭开。

不服归不服，科学界和历史界公认，毕达哥拉斯或者他门下的某人，是证明这个定理的第一人。

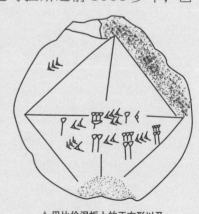

▲ 巴比伦泥板上的正方形以及
对角线和边的关系

"百牛定理"的证明

  某人证明这个定理的时候，他的做法是把形状和数字联系起来，其实就是拼积木。找 8 个一样大小的直角三角形，3 条边分别是 a、b、c。再找 3 个正方形，边长分别也是 a、b、c。

  第一种拼法：4 个三角形和最大的正方形拼起来。

  第二种拼法：4 个三角形和一个最小、一个较大的正方形拼起来。

古代第一大数学门派

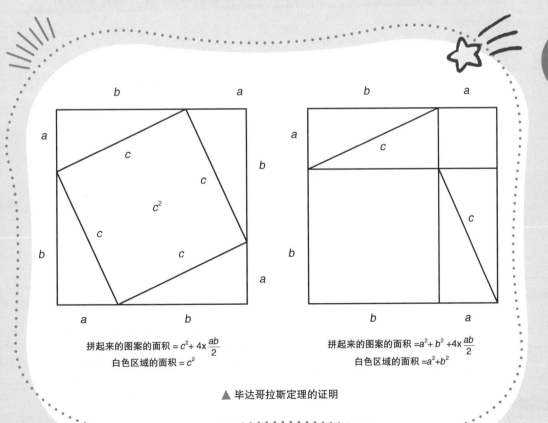

拼起来的图案的面积 $= c^2 + 4 \times \dfrac{ab}{2}$

白色区域的面积 $= c^2$

拼起来的图案的面积 $= a^2 + b^2 + 4 \times \dfrac{ab}{2}$

白色区域的面积 $= a^2 + b^2$

▲ 毕达哥拉斯定理的证明

最后拼出的这两个图案，都是边长是（$a+b$）的正方形，面积是一样的，都是（$a+b$）^{2}。通过简单的换算，就可以证明 $a^2+b^2=c^2$。

据说证明了这个定理后，毕达哥拉斯派觉得应该分享给大家，所以宰了 100 多头牛，举行了一个"百牛祭"，邀请全城的人庆祝狂欢。从此，希腊人也把这个定理称为"百牛定理"——那是相当的牛，也是相当多的牛啊。

毕达哥拉斯定理是数学史上一个非常重要的里程碑，它把几何的形状和算术里的数联系在一起。在毕达哥拉斯之后，历史上有很多聪明人，也试图用不同的方法来证明这个定理，这里面有达·芬奇，有 12 岁时的爱因斯坦。有人做过统计，古今中外有300 多种不同的证明方法。幸亏这些证明了毕达哥拉斯定理的人，没有以杀牛来表示庆贺，不然这个定理就要改名，叫"血流成河万牛定理"了。

"论证之刀"

利用"论证之刀"，毕达哥拉斯派研究数里面的规律。他们把数分成"奇数"与"偶数"，发现把从 1 开始的奇数累加起来，是一个平方数。比如：

1+3=4

1+3+5=9

1+3+5+7=16

1+3+5+7+9=25

很神奇吧？毕达哥拉斯学派的人用形状排列证明了这个规律。

他们还发现了三角数。什么是三角数呢？假如你把肉骨头堆成三角形的小山，最上面一层放一根骨头，第二层放两根骨头，第三

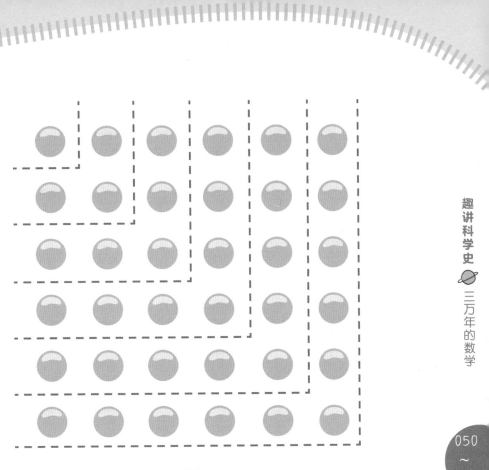

▲ 平方数

层放三根骨头，第四层放四根骨头……

你把上面两层的骨头加起来：

1+2=3

把上面 3 层的骨头加起来：

1+2+3=6

把上面 4 层的骨头加起来：

1+2+3+4=10

这些数，1、3、6、10 就是三角数。

他们发现很奇妙的现象，相邻的两个三角数加起来是一个平

方数：

1+3=4

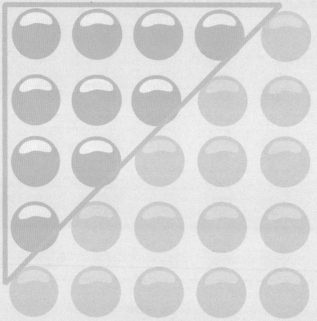

▲ 三角数

3+6=9

6+10=16

他们再次用形状排列的方法，证明了这个规律。

这些关于数的发现，是毕达哥拉斯学派集体发表的，就连福尔摩斯也无法判断哪些是"毕教主"本人想出来的，哪些是其门下哪一个聪明人想出来的。历史学家把这些闪亮的发现，都记在了毕达哥拉斯名下。

第三招："应用之枪"

　　毕达哥拉斯的第三招是"应用之枪"，就是把数应用到艺术和生活中去。

　　他有一次走过铁匠铺，听到不同重量的铁锤的击打声，叮叮当当。他发现当两个铁锤敲打的频率是2:1、3:2、4:3的关系时，声音特别协调和优美。

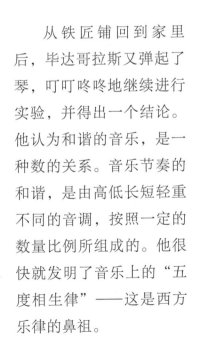

　　从铁匠铺回到家里后，毕达哥拉斯又弹起了琴，叮叮咚咚地继续进行实验，并得出一个结论。他认为和谐的音乐，是一种数的关系。音乐节奏的和谐，是由高低长短轻重不同的音调，按照一定的数量比例所组成的。他很快就发明了音乐上的"五度相生律"——这是西方乐律的鼻祖。

▲ 毕达哥拉斯发明五度相生律

"毕教主"还发现了"黄金分割律"，当一个几何图形的长宽比大体上是3∶5的时候，看上去最美观。这个规律被广泛应用于绘画、建筑与雕刻。在希腊的神庙建筑中，无论是整体与局部的关系，还是局部与局部的关系，都体现了这种明确的比值。

这就是"毕氏三连"：利用"本源之剑"，从现实世界中提炼抽象出数；再用"论证之刀"，找出数内在的规律；最后用"应用之枪"，让数学的规律来指导我们的艺术和生活。在毕达哥拉斯这里，万物皆是数，数也是万物。

三思小练习

1. 满足毕达哥拉斯定理的正整数，叫毕达哥拉斯数组。你能验证一下下面的数组是否为毕达哥拉斯数组，并自己另外找出一组毕达哥拉斯数组吗？

（3，4，5） （5，12，13） （7，24，25） （8，15，17）
（9，40，41） （11，60，61） （12，35，37） （13，84，85）
（16，63，65） （20，21，29） （28，45，53） （33，56，65）
（36，77，85） （39，80，89） （48，55，73） （65，72，97）

2. 想不想挑战一下，用自己的方法证明从1开始的奇数累加起来是一个平方数？

此刻，我是毕达哥拉斯的信徒

这个世界是由数构成的。

比如，一根温柔的水草，
两尾互相问候的鱼，
三个慢慢上升的气泡，
四只忘了睡眠的眼睛，
我说，五行缺水的人，
会凝望天边的云，
当它落成六瓣的雪花，
照亮午夜七黑的天空，
我把八，想象成明月，
在湖面照着菱花镜，
那初见的感觉可以永久，
恰如九，是你最喜欢的数。

而此刻，
我是毕达哥拉斯的信徒。

第6讲

被投入大海的数学家
——无理数的来历

为什么有理？

"英明神武"的毕达哥拉斯学派，在希腊和意大利南部一统江湖。他们认为世界万物全部是由数组成的。

当我们碰到不是整数的情况怎么办呢？比如 3 个人分一根骨头。在毕达哥拉斯看来，这就是 $\frac{1}{3}$，可以用两个整数相除表示，或者用一个分数来表示，分子分母都是整数。

与他这种定义相对应的，是一个英文词根"ratio"，就是比率的意思。所以，在毕达哥拉斯看来，这个世界都是由整数和比率构成的。但是，后来在英文翻译过程中，不知道谁用了 rational number，造成了歧义，变成了 rational（理性）的意思，成了"有理数"。有理数，实际上并不比别的数更"有道理"。

大胆的门徒

在毕达哥拉斯的门徒中有一个非常聪明的，叫希帕索斯。他把老师的论证方法、算术几何的技巧学得滚瓜烂熟。

他打算用自己的行动来证明老师的观点："任何数都可以用整数或整数的比率来表示。"

于是，他从老师最引以为傲的毕达哥拉斯定理入手。

他找到了最简单的一个直角三角形。假设有一个边长为 1 的正方形，把任一条对角线连起来就构成了两个直角三角形。根据毕达哥拉斯定理，$1^2+1^2=2$，对角线长度的平方应该是 2，很简单吧？

那么，这个对角线长度的本身是个什么样的数呢？是多少呢？

希帕索斯根据毕老师说的"比率"，把这个数写成 $\frac{p}{q}$，好比 q 个人分 p 根骨头。

这里要作一个很重要的假设：p 和 q 最大的公因数是 1。这个公因数是怎么回事呢？

我们来看几个分数：$\frac{1}{3}$、$\frac{2}{6}$、$\frac{3}{9}$、$\frac{4}{12}$，它们的值都是相等的。但是 $\frac{2}{6}$ 的分子分母都有 2 这个公因数，可以约简，最后变成 $\frac{1}{3}$。$\frac{3}{9}$、$\frac{4}{12}$ 也都可以约简成 $\frac{1}{3}$。

所以，希帕索斯假设的对角线长度 $\frac{p}{q}$，是约简了的分数。也可以推论说，q 个人分 p 根骨头，人和骨头的数目不可能都是偶数。

然后，他做了一连串的推导，得出了自相矛盾的结论：p 和 q，居然必须都是偶数。

这说明了，最初的假设是错误的，这个对角线的长度不可能是一个"比率"的数。

这个正方形明明是存在的，它的对角线也明明是存在的，但是，表示对角线长度的数却不存在。这违背了毕达哥拉斯学派"万物皆为数"的哲理，说明毕达哥拉斯学派的根基是错的。

"不得了了！"

整个毕达哥拉斯派陷入了恐慌，极力封锁消息。希帕索斯被迫流亡他乡。不幸的是，逃亡途中，他在一条海船上还是遇到了他的师兄弟们。他被抓住了，最后被残忍地投入了海中。

为什么无理？

希帕索斯发现的这个数，后人称它为$\sqrt{2}$。人们无法用整数的比率来表示这个数，因为翻译的歧义，"不是比率"变成了"不是有理"的，最后成了无理数（irrational number）。这样起名字，真是太没有道理了。

希帕索斯因为发现了无理数而落得被扔进大海的下场，毕达哥拉斯学派用无理的暴行抹杀了无理数的发现。

那么，这个让希帕索斯含冤而死的数的真面目是什么样的呢？

巴比伦泥板上的秘密

在巴比伦的泥板上，暗藏了$\sqrt{2}$的近似值。

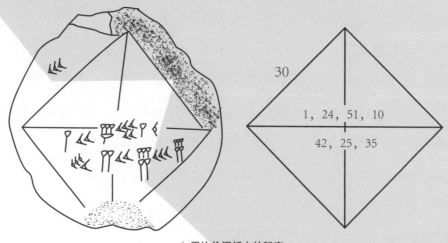

30

1，24，51，10

42，25，35

▲ 巴比伦泥板上的秘密

在对角线上的一排符号，是巴比伦六十进制的 1、24、51 和 10。你可以对照"位置很重要"一讲中巴比伦六十进制的符号，核实一下。

$$1 + \frac{24}{60} + \frac{51}{60 \times 60} + \frac{10}{60 \times 60 \times 60} = 1.414213 \approx \sqrt{2}$$

$$\frac{42}{60} + \frac{25}{60 \times 60} + \frac{35}{60 \times 60 \times 60} = 0.707106 \approx \frac{1}{\sqrt{2}}$$

这个巴比伦标记法，代表了一个小数，值是多少呢？ 1.414213，这就是 $\sqrt{2}$，精确到了小数点后第 6 位。这是公元前 1800 年的泥板，比毕达哥拉斯还要早 1000 多年啊。

左上角是巴比伦的数字 30，如果把它看成一个六十进制表示的分数，就是 $\frac{30}{60}$，表示边长是 $\frac{1}{2}$ 的正方形。

在对角线下面的一排符号，是巴比伦六十进制的 42、25 和 35。这个巴比伦标记法的小数，代表的值是多少呢？是 0.707106，就是 $\frac{1}{\sqrt{2}}$，也就是边长是 $\frac{1}{2}$ 的正方形的对角线长度。

√2 是无理数的证明

假设√2是有理数，这意味着可以表示为两个正整数的比率：
$\sqrt{2} = \dfrac{p}{q}$，p、q 没有公因子（如果有公因子，可以约简）。

将等式两边平方，得到：

$2 = \dfrac{p^2}{q^2}$，即 $p^2 = 2q^2$。

所以，接下来有五个连环推论——

-> p^2 是偶数

-> p 是偶数

-> p^2 可以被 4 整除

-> q^2 是偶数

-> q 也是偶数

这样一来，p 和 q 都是偶数，这和之前的假设 "p 和 q 没有公因子" 矛盾。也就是说，"√2是有理数" 的假设是错误的，√2不可能是有理数。

无理数的发现

所以，早在毕达哥拉斯之前 1000 多年，巴比伦人就算出了正方形对角线的近似长度，知道直角三角形中直角边和斜边的数量关系。这些泥板上的标记，需要懂数学的考古学家仔细而谨慎地研究，才能揭示出深埋在历史尘埃里的真相。如果你看了这段推导，因此爱上了历史和考古，这是一个美丽的意外。

无理数的发现，被称为数学史上的第一次数学危机，对之后 2000 多年数学的发展产生了深远的影响，促使人们从依靠直觉、经验转向严谨的推理证明，推动了几何学和逻辑学的发展。

现代的数学理论，把有理数和无理数统称为实数，实实在在存在的数。它可以有分数和小数两种表示法：分数是竖着长的，小数是横着长的。

有理数可以用两个整数相除的分数来表示，比如 1、$-\dfrac{7}{6}$。

如果用小数表示，要么小数点后是有限长度的，比如 -3.5；要么可以无限写下去，没有结尾，但是有循环的规律，比如 0.345555555……，"5" 一直重复循环下去。有兴趣的同学可以试着找到这个无限循环小数的分数表达，这里面是有规律和诀窍的。

$\dfrac{34}{100} + \dfrac{5}{900} = \dfrac{311}{900}$，你能从这个运算领悟到秘诀吗？

而无理数，是不可能用两个整数相除得到的。用小数表示的话，可以无限算下去，而且没有循环的规律。比如，$\sqrt{2}$ 是 1.414213562……只要你愿意，可以一直写下去，直到天荒地老。2010 年，有人已经把 $\sqrt{2}$ 算到了小数点后 1 万亿位。

希帕索斯的发现，第一次向人们揭示了在这个世界上还有无理数的存在。后来，人们发现，这样的无理数可不止一个两个，有无穷多呢。$\sqrt{2}$、$\sqrt{3}$、$\sqrt{5}$、$\sqrt{6}$、$\sqrt{7}$……这些都是无理数。就连毕达哥拉斯推崇的黄金分割律，也是一个无理数。圆周率也是一个无理数。

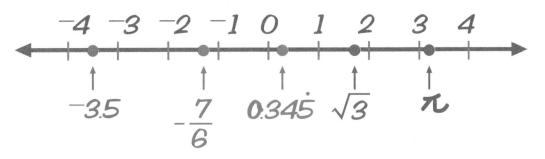

▲ 整数、分数、无理数在数轴上的表示

如果我们用一根数轴上密密麻麻的点来表示数，有理数并没有占据数轴上所有的点。在数轴上存在着不能用有理数表示的"无理数孔洞"。而这种"无理数孔洞"多得不可胜数。

无理数，并不总是"无理"，当两个无理数相遇相乘，或许会得出一个整数，如$\sqrt{2}$乘$\sqrt{2}$，$\sqrt{3}$乘$\sqrt{3}$。

三思小练习

1. 一个无理数乘 2，会是什么数？

2. 一个无理数除以 2，会是什么数？

3. 想不想挑战一下自己，证明$\sqrt{3}$是个无理数？

根号3

我怕我永远，
是一个孤独的根号3。

3，是多么的美好，
而我的3，
为什么被那邪恶的根号隔开，
在视野之外。

我真希望我是9，
那样我可以简简单单运算，
轻易摆脱根号的纠缠。

我知道我再也看不到太阳，
就像1.732……
这就是我的宿命，
一个无理数多么可怜。

啊，我看到了什么？
静静地，跳着华尔兹的弧线
而来，
又一个根号3！

一起相乘，一起欣喜，
我们成为渴望的，
一个整数，一个整体。

魔法棒一挥，平方根脱落，
致命桎梏打破，
获得自由之身，
你的爱，给了我重生。

第7讲

神一样的科学巨著

——《几何原本》

欧几里得 = 几何

如果要从人类科学发展史中选一部开天辟地的巨著，那么欧几里得的《几何原本》一定是众望所归，自成书 2000 多年以来，流传至今，经久不衰。它不仅奠定了几何学的基础，而且也是西方数学和哲学的开篇之作，在历史上第一次向人们展示了数学推理、归纳、演绎的强大威力。

"欧几里得"这个名字，在 2000 多年里，一直是"几何"的代名词。那么，什么是几何呢？"Geometry"这个词，源自希腊语"地球""测量"这两个词根。几何学的主角是一个个点、一条条直线和一个个圆，它们在纸面上、在空间里，相遇、交错、延伸、离合，演绎出各种形状和关系。

《几何原本》中国行

▲欧几里得

当《几何原本》在明朝传入中国时，大科学家徐光启和意大利学者利玛窦，根据 geometry 前面 geo 的发音，翻译成了"几何"。而在中国古代，"几何"是"多少"的意思。曹操就在他的《短歌行》里写道："对酒当歌，人生几何。"

▲《几何原本》和利玛窦、徐光启

　　我们对欧几里得的生平了解得不多。他曾在柏拉图学院学习，可以算是柏拉图的学生。他在亚历山大港的大学教过书，在亚历山大港的图书馆阅读过大量的文献。欧几里得的全盛时期在公元前300年左右，这个年份也大致被认为是《几何原本》的成书时期。那时候，阿里斯塔克还只是10岁左右的少年，阿基米德和埃拉托色尼还没有出生。

　　在欧几里得之前，古希腊的几何学经过泰勒斯和毕达哥拉斯学派的研究，已经积累了大量的知识，但是，这些几何定理和知识十分零碎，相互之间并没有很强的联系，更不要说严格的逻辑论证。好比江湖上有很多练武的人，各有几套剑法拳法，不成整套体系，也没有规律可循。

　　欧几里得在亚历山大港图书馆，研读以往的数学专著和手稿，向学者请教，同时着手著书立说，阐明自己对几何学的理解。他十年磨一剑，集古希腊几百年几何学之大成，终于写成了传世之作《几何原本》。这样的情节，和金庸小说《射雕英雄传》里，黄裳把古今道教典籍融会贯通，写出《九阴真经》何其相似。

《几何原本》的作用

《几何原本》的作用不仅仅是集成总结，更重要的是开创了公理化的方法。

公理化方法

公理化方法，就是先建立少数简单的、"不证自明"的命题，作为公设和公理，让所有人承认它们的正确性。然后从公设公理出发，通过严格的逻辑推导，证明其他复杂的、不直观的命题。

如果我们把一门学科比作一幢大楼，那么，公设和公理就像大楼的地基，整幢大楼必须以它为基础而建立起来。

在《几何原本》这本书中，欧几里得精心选择了5个公设和5个公理，然后，在此基础上一步一步推导出465条命题，构成了历史上第一个数学公理体系。书中第1卷第47个命题，就是勾股定理。

爱因斯坦曾说："一个人当他最初接触欧几里得几何学时，如果不曾为它的明晰性和可靠性所感动，那么他是不会成为一个科学家的。"

虽然我们中的大部分人可能不会成为科学家，但是，我试图用武侠小说的语言，来拆解一下"欧氏十绝"——欧几里得的5条公设和5条公理，来"感动"你。

5大公设

所谓公设，是和几何学科有关的"不证自明"的命题。

第一招叫"穿心一剑连直线"：任意两个点可以通过一条直线连接，而且只能连一条直线。

第二招叫"延伸无限至天边"：任意线段都能无限延长成一条直线。

第三招叫"画心画骨可成圆"：给定任意线段，可以把其中一个端点作为圆心，该线段作为半径，作一个圆。

第四招叫"剑气纵横直等寒"：意思是说，所有的直角都相等。

第五招叫"平行遥望唯长叹"：这条公设比较复杂，我们用一个类比来说明。

假设我们是两颗沿着直线飞的流星，如果我们和另一条直线相交，在同一侧的内角加起来小于两个直角之和，那么，我们将来肯定会在某一天某一点相遇。

如果我们和另一条直线相交，在同一侧的内角加起来等于两个

《几何原本》

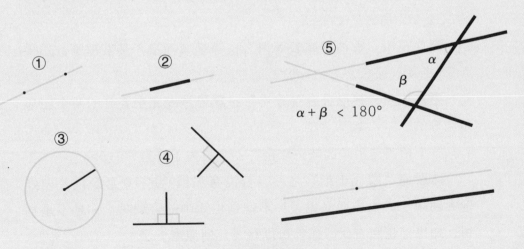

▲《几何原本》中的公理和公设

直角之和，那么，我们注定一生平行永不相遇。

如果大于两个直角之和呢？我们过去曾经相遇过，现在已经渐行渐远了，且行且怀念吧。

这个第五公设，还有一个等价的表达，被称为平行公设，"过直线外一已知点，能作一条且只能作一条直线，平行于已知直线"。

这个公设，和前面4个相比，你看是不是很复杂？这个第五公设，是欧几里得体系中引起争议最多的，2000多年后终于引起了几何学上的一次革命，导致了非欧几何的诞生。

5大公理

再来说5条公理。**所谓公理，是更为通用普遍的命题，不仅仅局限于几何。**我们假设 a、b、c、d 都是正数。

第六招叫"等量之剑可代换"：跟同一个量相等的两个量相等，如果 $a=b$，$b=c$，那么 $a=c$。

第七招叫"内力相加尚关联"：等量加等量，其和相等，如果 $a=b$，$c=d$，那么 $a+c=b+d$。

第八招叫"香消雪减若等闲"：等量减等量，其差相等，如果 $a=b$，$c=d$，那么 $a-c=b-d$。

第九招叫"移形叠合难分辨"：意思是说完全叠合的两个图形是全等的。

第十招叫"阴晴圆缺古难全"：全量大于分量，$a+b>a$。

你看完"欧氏十绝"之后，有没有失望？这10个公设公理好像太简单了，太显而易见了！不就是生活中的常识吗？你是不是觉得，如果穿越回古代，你都可以写《几何原本》了？

且慢，**欧几里得的伟大之处**，不仅仅是总结出这 10 个看似显而易见的命题，而**是从这十个非常简单的公设公理出发，逻辑严密地证明了 465 个命题，建立起了几何学的"摩天大楼"**。比如，三角形的内角和等于两个直角之和，毕达哥拉斯定理，都可以从这里面推导出来。

《几何原本》的影响

　　《几何原本》对近代和现代数学，产生了深远的影响。哥白尼、伽利略、笛卡儿、牛顿、爱因斯坦等伟大的科学家，都曾潜心钻研过《几何原本》。

　　在自然科学中，牛顿的著作《自然哲学的数学原理》，就深受欧几里得的影响，在风格上跟《几何原本》极其相似。牛顿将他的运动定律称为公理，并从中推导出万有引力定律。

　　爱因斯坦的论文，也是按照《几何原本》的方式写的。他先假设两条公理：光速不变和相对性原理，然后推导出狭义相对论。

　　还有一个深受欧几里得影响的著名例子是美国的《独立宣言》。托马斯·杰斐逊比其他任何一位美国开国元勋都更了解他那个时代的数学知识，他一开始就说："我们认为这些真理是不言而喻的：人人生而平等。"这就是《独立宣言》里的公设和公理，然后，再由公理出发，证明其他的论断，阐述建立美国的实际宣言。

　　我强烈建议，你从这10个最简单的公设公理出发，一步一步推导出书中的命题。许多年后，你可能会忘了《几何原本》里的那些命题，但是，推导命题的过程和逻辑思维，会深深地印在你的脑海里。而这些，是《几何原本》留下来的最珍贵的财富。

通过《几何原本》的学习和训练，我们在研究一个全新的领域时，可以先作几个最基本的假设，然后，从这些假设出发，推导出一些定理。再接下来，以这些推导出来的定理为基础，利用严密的逻辑一步步地扩大领地，就像滚雪球一样，把这个领域内的一切都包容了，直到最终解决所有的问题。

几何《短歌行》

对于科学工作者来说，《短歌行》可以是这样吟唱的：

研究科学，先读几何！
譬如公理，五个不多。

五个公设，心中难忘。
点线与面，大道康庄。

欧几里得，悠悠我心。
尺规作图，沉吟至今。

内错同位，等角平行。
正逆可推，要记分明。

两边夹角，两角夹边。

三边皆等，相同之形。

锐角相余，勾股互存。
相似三角，边比角等。

辅助之线，思绪横飞。
分线分角，妙处可依。

山不厌高，海不厌深。
几何原本，学子归心。

三思小练习

1. 在本讲末的打油诗《短歌行》中，找出你知道的几何命题。

2. 你家里有没有"家庭公理"，就是大家都承认、不会有争论的命题？比如，100 元以下的消费爸爸说了算，100 元以上的消费妈妈说了算。

3. 你是不是可以从"家庭公理"推导出你家所有的命题？

欧氏几何

在欧氏的纸面上,
一个个孤零零的点,
追随着流星坠落的轨迹,
是平行的遥望和长叹,
还是交会的光芒和欣喜?

对我来说,
找到心中的那个点,
画一个不离不弃的圆,
是最大公理,
从此,推演出一生所有的命题。

第 8 讲

从割圆到飞镖
—— 说不尽的圆之缘

定义圆周率

先考一下大家的语文。

有一个成语"径一周三",是什么意思?

这个成语出自中国最古老的天文学和数学著作《周髀算经》。《周髀算经》大概成书于公元前1世纪。"径"在这里是指圆的直径,"周"指圆的周长。它说的是,圆的直径与圆的周长比为1:3。这个成语的意思后来被引申,用来比喻两者相差很远。

这个比率,后来被称为圆周率,是古人通过观察和测量得到的。他们发现,在地上画的圆、水里荡开的涟漪、天上的太阳,虽然天差地别,但是,有一样东西是始终不变的,那就是一个常数,即周长和直径的比。圆,这种几何图形中隐含着一个始终不变的量——圆周率。

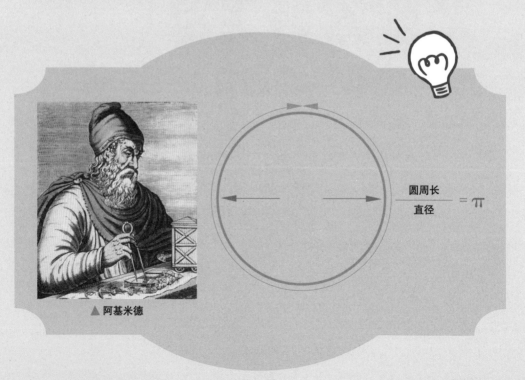

$$\frac{圆周长}{直径} = \pi$$

▲ 阿基米德

古代的中国人、巴比伦人和埃及人都知道这个常数的存在，也都通过测量的方法估算了这个常数。

而第一个通过理论计算圆周率近似值的，是古希腊大数学家阿基米德。

阿基米德的圆周率

他在圆里面画一个内接的正六边形，圆外面画一个外切的正六边形。这两个正六边形一内一外把圆紧紧包围起来。那么，圆的周长，就应该在这两个正六边形的周长之间。

然后，再从正六边形出发，割出正12边形，利用毕达哥拉斯定理，算出正12边形的边长。这个正12边形，比正六边形更接近圆。

就这样不断把边形加倍，最后，他算到了正96边形，算出圆周率的下界和上界分别为 $\frac{223}{71}$ 和 $\frac{23}{7}$ ，并取它们的平均值3.141851作为圆周率的近似值。

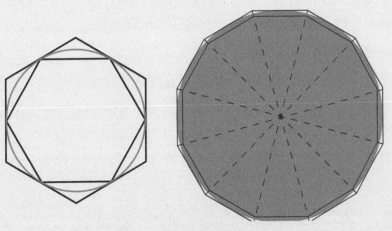

▲ 割圆术：正六边形和正12边形

阿基米德用到了迭代算法和两侧数值逼近的概念，计算出的圆周率，在西方差不多被使用了 1900 年。

一起来割圆

在阿基米德之后 500 多年，在魏晋时期的中国，数学家刘徽（约 225—约 295 年）发明了类似的"割圆术"，割到了正 3072 边形，得到圆周率的近似值是 3.1416。

南北朝时期的科学家祖冲之（429—500 年）再接再厉，一直割到了正 24576 边形，得到了圆周率在 3.1415926 ~ 3.1415927。

圆周率，是一个和几何图形相关的数，用几何的方法来求解，恰如其分，从阿基米德到刘徽，再到祖冲之，采用的都是这种方法。把这种割圆术发挥到最高境界的，是 17 世纪的数学家鲁道夫·范·科伊伦。他花费大半生时间，计算了正 2^{62} 边形的周长，圆周率的值计算到小数点后 35 位。德国人因此将圆周率称为"鲁道夫数"。正 2^{62} 边形有多少条边呢？461 亿亿。没错，461 后面有 16 个 0！是不是难以置信？其实，他采用了阿基米德的迭代算法，并没有真的画这么多边的多边形。

圆周率，似乎没有穷尽，可以无限算下去。那么，它是不是一个无理数呢？得出这个判断并不容易，直到 1761 年，数学家兰伯特才证明了圆周率是无理数，不可能表达成两个整数之比。幸好那时候大家已经能接受无理数的存在了，不然，希帕索斯的命运等着兰伯特呢。

1706 年，英国数学家威廉·琼斯最先使用希腊字母 π 表示圆周率。π 是希腊语"周长"的第一个字母。

▲飞镖法估算圆周率

1737 年，瑞士大数学家欧拉也开始用 π 表示圆周率。从此，圆周率有了一个古色古香、大气典雅的名字。当然，在英文里它和美味的果馅饼（pie）同音，所以，在每年 3 月 14 号的 π 日，大家都以吃馅饼来庆贺。

那么，除了割圆，有没有其他的办法来算圆周率呢？我们来介绍两种有趣的方法。

飞镖算圆周率

第一种是蒙眼飞镖大法。你没看错，这里说的不是武侠小说，但是，确确实实是飞镖。

找一个硬纸板，剪成正方形的形状。在这个正方形的纸板上，画一个内切的圆。

接下来，实验开始了。你开始对着纸板"随意""随机"投掷飞镖。记住不要刻意瞄准圆圈，只要瞄准正方形的纸板就行了。所以，要做这个实验，像古龙的武侠小说里刀法太好的小李，首先就要被淘汰。据说"小李飞刀例不虚发"，别

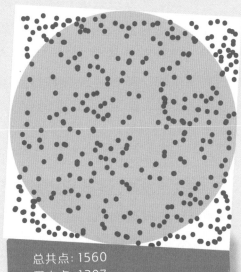

总共点: 1560
圆内点: 1207
π 的近似值: 3.094872

说要射中圆,他还可以次次射中圆心。这样的刀法,得不到"随意""随机"的精髓,是不可以的——刀法好,居然被歧视了。所以,最好是蒙着眼睛掷飞镖。

最后,你统计一下有多少飞镖射中了纸板,其中有多少飞镖射在了圆圈里。比如,总共 1560 镖射中了纸板,其中 1207 镖在圆圈里。你把 1207 除以 1560,再乘 4,约等于 3.094872,这个就是这次实验得到的圆周率的近似值。你飞镖掷得越多,这个值越精确。

这是什么原理呢?飞镖击中纸板的概率,是和纸板的面积成正比的,纸板面积越大,命中的次数越多。圆的面积和正方形面积的比,就是命中圆圈的次数和命中正方形的次数的比,简单算一下,就是 $\frac{\pi}{4}$。

级数算圆周率

第二种方法是无穷级数。

什么是无穷级数呢?就是一排数后面,不停地缀上一个数,直到无穷。这种方法抛开了计算繁杂的割圆术,用无穷级数来计算圆周率。这种革命性的创新,出现在 17 世纪发明微积分时。微积分的先驱牛顿、莱布尼茨等都对圆周率的计算做出了贡献。比如莱布尼茨的方法:

$$1-\frac{1}{3}+\frac{1}{5}-\frac{1}{7}+\frac{1}{9}-\frac{1}{11}+\frac{1}{13}-\frac{1}{15}+\frac{1}{17}-\frac{1}{19}\cdots\cdots=\frac{\pi}{4}$$

按这个规律,不断地减去奇数的倒数,再加上后面一个奇数的倒数,一直减减加加,就能无限接近圆周率的 $\frac{1}{4}$。

假设你往前走了 1 千米,然后往后走 $\frac{1}{3}$ 千米,再往前走 $\frac{1}{5}$ 千米,接着再往后走 $\frac{1}{7}$ 千米……

你一会儿往前、一会儿往后交替，走的路程依次是 $\frac{1}{3}$ 千米、$\frac{1}{5}$ 千米、$\frac{1}{7}$ 千米、$\frac{1}{9}$ 千米、$\frac{1}{11}$ 千米、$\frac{1}{13}$ 千米……

按照这个规律一直走，最后你离原点多远？

这个就是无穷级数问题。莱布尼茨发现，最后你离原点 $\frac{\pi}{4}$ 千米。

这个方法比掷飞镖要简单得多，精确得多。

1706 年，英国数学家梅钦利用他发明的无穷级数，把圆周率计算到了小数点后 100 位。

电子计算机出现后，人们开始利用它来计算圆周率的数值，从此，圆周率的小尾巴以惊人的速度伸展：1949 年算至小数点后 2037 位，1973 年算至小数点后 100 万位，1983 年算至小数点后 1000 万位，1987 年算至小数点后 1 亿位，2002 年算至小数点后 1 万亿位，2011 年算至小数点后 10 万亿位。

最近的纪录是 2019 年 3 月 14 日，是谷歌公司在谷歌云平台上完成的，计算到了小数点后 31.4 万亿位。

人类对 π 的认识过程，从一个侧面反映了数学发展的历程。在人类历史上，从没有对一个数学常数有过如此狂热的数值计算竞赛。不过，对于 π，有 10 位小数就足以满足几乎所有的实际计算需要。

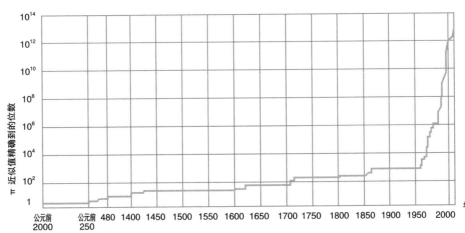

▲ 圆周率位数的计算记录

妙用圆周率

  科学家追求更精确的圆周率，一方面是好奇和探索的习惯使然，另一方面也能测试最新最强的计算机。当年英特尔推出"奔腾"系列芯片时发现了一个bug，这个bug正是通过计算圆周率才现形的。

  除此之外，还可以利用圆周率来做随机数产生器，对重要信息进行加密。在算到小数点后1万亿位后，科学家统计了里面0～9出现的次数：

0 出现了 99999485134 次；

1 出现了 99999945664 次；

2 出现了 100000480057 次；

3 出现了 99999787805 次；

4 出现了 100000357857 次；

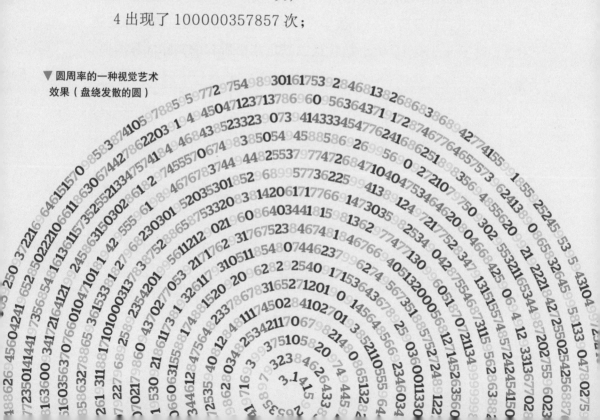

▼圆周率的一种视觉艺术
 效果（盘绕发散的圆）

5 出现了 99999671008 次；

6 出现了 99999807503 次；

7 出现了 99999818723 次；

8 出现了 100000791469 次；

9 出现了 99999854780 次；

总共：1000000000000 次。

这是相当平均，相当随机的。

圆周率除在科学中有应用之外，最近在艺术界也风头很劲。有一位叫 Martin Krzywinski 的艺术家，用圆周率来作画。他是怎么画的呢？

比如，他用不同颜色的点表示不同的数字：3 用橙色，1 用红色，4 用黄色等。然后，把圆周率的值呈螺旋状从圆心向外展开，画出了一个密集的"芝麻馅饼"图像。

他还用圆周率画方块图。先画出 3 条竖线，把一个正方形等分，表示 3。

再在第一个小框里画出一条横线，把小框等分，表示 1。

再在第二个小框里画出四条横线，把小框等分，表示 4。

再在第三个小框里画出一条横线，把小框等分，表示 1。

再在第四个小框里画出五条横线，把小框等分，表示 5。

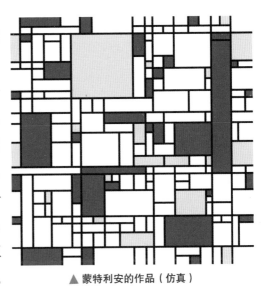

▲ 蒙特利安的作品（仿真）

▲ 圆周率的一种视觉艺术效果（城市天空的轮廓线）

这样不断依次操作，最后填上三原色。成品的图案和抽象派画家蒙特利安的作品有几分相似之处呢。有兴趣的读者可以用他的名字在网上找到这些圆周率的视觉艺术图。

无理数的圆周率，居然可以有这么美的视觉效果，想不到吧？

有喜欢音乐的朋友，甚至把 π 里的数字换成音符，演奏出了非常好听的音乐呢。

有了艺术家参与，数学和无理数，不再是板着面孔、枯燥无味的了。

对于这个自然界神秘的常数，你有没有兴致和灵感用来画画、作曲呢？我们拭目以待、洗耳恭听！

三思小练习

1. 用"飞镖大法"估算圆周率。

2. 你有没有兴致和灵感用 π 来画画呢？要不试一下，保证你的画技和数学都会有长进。

圆周率之断章

如果白天和黑夜之间，
是思念的直径，
飞鸿的翅膀回归原点，
就是一生的圆周。

此刻，我守在半圆，
半生的脚印延伸到天涯，
词典上说：径一周三，
相差太远。

艺术最美黄金律

——黄金分割定律

黄金分割

有一个数，它在古希腊时期就出现在那些高大雄伟的庙宇中，让毕达哥拉斯心醉神迷。后人的研究发现，它的身影在我们的人体比例、达·芬奇的画、自然界的松果和向日葵，甚至在我们体内的DNA链上都有出现。这个似乎无处不在的神奇的数，就是黄金分割比。

定义黄金分割比

关于黄金分割比的第一次描述出现在 2300 多年前，在欧几里得的《几何原本》中是这样定义的：

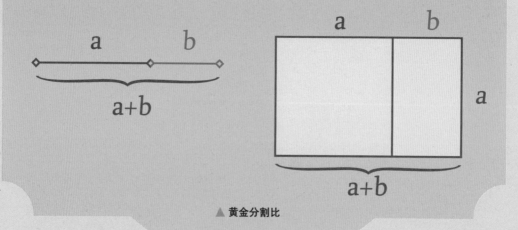

▲ 黄金分割比

把一条线段分割成两段，当长的线段 a 和短的线段 b 的比，等于整个线段（a+b）与长线段 a 的比，这个分割点就叫作"黄金分割点"，这个比就是黄金分割比，通常用希腊字母 Φ 表示。

用黄金分割比的两条线构成的长方形，是最美观的长方形，在很多建筑上可以找到它的踪影。

这是一个十分有趣的数字，它的精确表示是 $\frac{a+b}{a} = \frac{a}{b} = \frac{1+\sqrt{5}}{2}$，近似值约为 1.618。

而长线段和整条线段的比是 $\frac{a}{a+b} = \frac{b}{a} = \frac{\sqrt{5}-1}{2}$，近似值约为 0.618。

长的除以短的，是 1.618；短的除以长的，是 0.618。

十分有趣的是，在西方，1.618 被称为黄金分割比的近似值；而在中国的数学书上，是选用 0.618 作为黄金分割比的近似值。为什么会有这样不同的说法？好奇的读者可以去考古研究一下。或许与中文的"除""除以"表示相反的意思有关系。

这两个数字永远除不尽，是无限不循环小数，也就是无理数。

无处不在的黄金分割比

如果按照一般的剧情，这个数也就是一个貌不惊人的无理数，在数轴上和其他无理数默默相对了。但是，谁也没想到它会在15世纪焕发出耀眼的光芒。

15世纪的意大利数学家卢卡·帕西奥利（1445—1517年），被邀请去宫廷讲授数学。他遇到了一生的知己，两人高山流水互为知音。那个人，后来在历史上大名鼎鼎，叫达·芬奇。当时的达·芬奇虽然对几何和比例有着敏锐的直觉，但缺乏数学方面的知识。帕西奥利就教给他数学知识，而达·芬奇则为帕西奥利的数学著作《神奇的比例》配上了精确漂亮的插图。

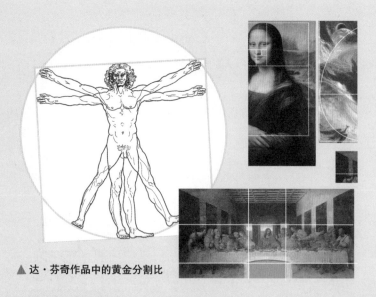

▲ 达·芬奇作品中的黄金分割比

从帕西奥利那里学到了黄金分割比之后，达·芬奇可以说"用上了瘾"。他在人体素描中发现了黄金分割比的美感。

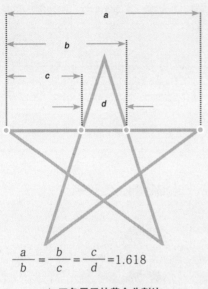

$$\frac{a}{b} = \frac{b}{c} = \frac{c}{d} = 1.618$$

▲ 五角星里的黄金分割比

于是，他在绘画作品中反复运用，其中就包括旷世名作《蒙娜丽莎》和《最后的晚餐》。借助达·芬奇的大名，黄金分割比成了艺术领域"一招鲜吃遍天"的绝世招数。

五角星是非常美丽的，不少国家的国旗都有五角星。你知道吗？五角星中的线段总共有 4 个不同长度，而它们之间的长度关系，都是符合黄金分割比的。

近来的生物学家发现，人体DNA 双螺旋结构，居然也是符合黄金分割比的。

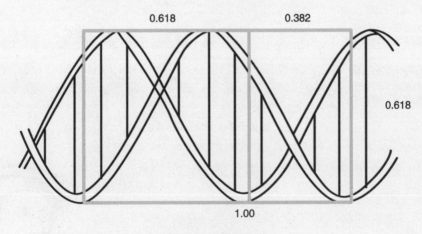

▲ DNA 中的黄金分割比

斐波纳奇和兔子也来凑热闹

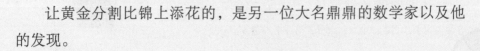

让黄金分割比锦上添花的，是另一位大名鼎鼎的数学家以及他的发现。

前面说到过斐波纳奇，就是把阿拉伯数字引进欧洲的那位。

他提出了一个非常有趣的数列，是以大兔子生小兔子为例子来说明的，所以又叫作"兔子数列"。

一般来说，兔子在出生两个月后，就有繁殖能力。假设一对兔子每个月能生出一公一母一对小兔子来，而且所有兔子都不死，那么一年以后可以有多少对兔子？

我们不妨拿新出生的一对小兔子分析一下：

12月 一对幼年黑兔

1月 黑兔成年

2月 黑兔生出一对红兔

3月 黑兔生出一对蓝兔

4月 黑兔生出一对兔子
     红兔生出一对兔子

5月 黑兔生出一对兔子
     红兔生出一对兔子
     蓝兔生出一对兔子

▲ 兔子繁殖中的斐波纳奇数列

第一个月小兔子没有繁殖能力，所以还是1对。

两个月后，它们生下一对小兔，共有2对。

三个月以后，老兔子们又生下一对，而小兔子们还没有繁殖能力，所以一共有3对。

经过仔细推演，兔子的对数构成一个数列，它的前面几个数是：1，1，2，3，5，8，13，21，34，55，89，144，233……

▲ 斐波纳奇

一年以后有多少对兔子？有兴趣的同学，不妨拿出纸和笔来，自己推导一下这个数列。

这个数列有个明显的特点，除了前两个数，每个数都是它前面两个数之和。

这就是大名鼎鼎的斐波纳奇数列。不过也有人说，斐波纳奇在阿拉伯做生意时看到过这个数列，这并不是他的原创。

当然，兔子问题有很多假定，一是兔子不死，二是兔子必须两个月成熟，三是兔子必须一月生一对。仔细一想，地球上还真没有这样的"兔子家庭"。数学上的假设可以理想化，不必深究，在此我们就认为斐波纳奇家的"不死、早熟、能生神兔"是存在的。

斐波纳奇数列在自然界中，也处处影踪闪现。

树丫子和葵花子也来凑热闹

树木的生长，有着和神兔的繁衍一样的规律。新生的枝条，需要一段"休息"时间，供自身生长，而后才能萌发新枝。所以，一株树苗在一年以后长出一条新枝；第二年新枝"休息"，老枝依旧萌发；此后，老枝与"休息"过一年的枝同时萌发，当年生的新枝则次年"休息"。这样一来，一株树木各个年份的枝丫数（最右边一列），便构成斐波纳奇数列。

另外，观察野玫瑰、大波斯菊、百合花、蝴蝶花的花瓣，可以发现它们的花瓣数目是斐波纳奇数列：3，5，8，13，21……其中百合花花瓣数目为3，梅花5瓣，飞燕草8瓣，万寿菊13瓣，雏菊有34、55和89三种数目的花瓣。

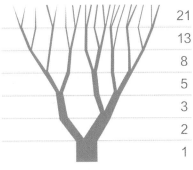

▲ 树杈中的斐波纳奇数列

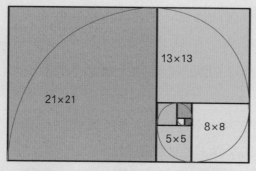

▲ 黄金螺线

用斐波纳奇数列构成从小到大的正方形，然后画一个90°的扇形，连起来的弧线就是斐波纳奇螺旋线，也称"黄金螺旋"。

自然界中存在许多斐波纳奇螺旋线的图案。

向日葵花盘内，种子的排列有顺时针转和逆时针转的两组螺线。两组螺线的条数往往是两个连着的斐波纳奇数，一般是34和55，大向日葵是89和144，有人还曾发现过一个更大的向日葵有144和233条螺线，它们都是两个连着的斐波纳奇数。

松果种子的顺时针转和逆时针转两组螺线，分别是8条和13条，也是斐波纳奇数。

真是奇怪了，难道这些植物懂得斐波纳奇数列吗？

事实上并不是植物懂得斐波纳奇数列，这似乎是植物按照自然的规律，进化得到的"优化方式"。它能使所有种子具有差不多的大小却又疏密得当，不至于在圆心处挤成一团，在圆周处却稀稀疏疏。

▲ 向日葵中的斐波纳奇数

除了自然界，很多艺术作品中也有黄金螺旋线的存在。你如果仔细观察绘画、摄影、电影电视剧的画面构图，就会从中找到暗藏着的黄金螺旋的影子。

那么，黄金分割比与斐波纳奇数列有什么关系呢？

两个神奇数的会师

　　研究出行星运动三大定律的开普勒（1571—1630 年），对数字相当敏感。他发现，相邻两个斐波纳奇数的比值，会逐渐趋于黄金分割比的近似值 1.618。

　　由于斐波纳奇数都是整数，两个整数相除之商是有理数，所以，斐波纳奇数的比值，只是逐渐逼近黄金分割比。

　　至此，两个神奇的数在开普勒这里会师了！

　　"草蛇灰线，伏脉千里"，欧几里得、达·芬奇、斐波纳奇和开普勒这些历史上著名的人物，隔空联手，把数学、艺术和自然中的规律揭示了出来。我们看到了科学的严谨、美学的神秘和大自然的奇妙。

▲ 松果上的斐波纳奇数

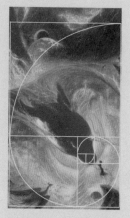

▲ 影视作品构图中的黄金螺旋

序号	斐波纳奇数	比率
1	1	
2	1	1
3	2	2
4	3	1.5
5	5	1.666666667
6	8	1.6
7	13	1.625
8	21	1.615384615
9	34	1.619047619
10	55	1.617647059
11	89	1.618181818
12	144	1.617977528
13	233	1.618055556
14	377	1.618025751
15	610	1.618037135
16	987	1.618032787
17	1597	1.618034448
18	2584	1.618033813
19	4181	1.618034056
20	6765	1.618033963
21	10946	1.618033999
22	17711	1.618033985
23	28657	1.618033990
24	46368	1.618033988

每年的 11 月 23 日是斐波纳奇日，因为 1、1、2、3 是斐波纳奇数列开始的四个数。在 11 月 23 日，记得祝福这一天生日的朋友：这个生日，虽然没有馅饼（pie），却是黄金分割比的开始，是所有美丽的起源。

三思小练习

1. 找一个松果，看看里面有没有斐波纳奇数。

2. 春天时种一棵向日葵吧，看看夏天收获到的斐波纳奇数字是多大。

黄金分割比和斐波纳奇数列

金色的阳光，
照亮古罗马万神殿，
佛罗伦萨的一笔油彩，
点活了嘴角神秘的莞尔，
向日葵的螺线，徐徐发散，
朝一个无限的数伸展。

此刻，我想怀揣密语，
循着斐波纳奇数列，
回溯，
到她尚未绽放的原点，
1, 1, 2, 3……

数学简史

简简单单的划痕和绳结，是人类跨进数学这个领域的第一步

捷克狼骨

距今约 3 万年

伊塞伍德骨

距今约 2 万年的狒狒腿骨

古埃及数字，古巴比伦数字，中国的算筹

	0	1	2	3	4	5	6	7	8	9
纵式		⊺	⊺⊺	⊺⊺⊺	⊺⊺⊺⊺	⊺⊺⊺⊺⊺	T	T⊺	T⊺⊺	T⊺⊺⊺
横式		⏤	=	≡	≣	≣⏤	⊥	⊥⏤	⊥=	⊥≡

阿拉伯数字

起源于古印度

古印度婆罗米文中的数字	—	=	≡	+	ん	Ꮸ	?	ל	?
印度梵文中的数字	8	૨	३	४	५	६	७	८	९
阿拉伯数字	١	٢	٣	٤	٥	٦	٧	٨	٩
欧洲中世纪数字	0	1	2	3	4	5	6	7	8	9
现代数字	0	1	2	3	4	5	6	7	8	9

0 是所有数字中最重要的

古今中外大数"比拼"

极，不可说不可说转，googol，googolplex，葛立恒数，宇宙间的原子数；微，涅槃寂静，普朗克常数……

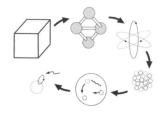

宇宙中超过"无量"的原子，都来自爆炸之前的奇点，那个比"涅槃寂静"还要小的时空点

毕达哥拉斯

（约前 570 —约前 500 年）

第一次数学危机

$$\sqrt{2}$$

希帕索斯因为发现无理数而牺牲

《几何原本》

欧几里得

公元前 300 年左右，开创了公理化的方法

圆周率

阿基米德

（前 287—前 212 年）

第一个计算出圆周率近似值的人刘徽、祖冲之、鲁道夫都曾在圆周率的计算上领先

黄金分割

第一次数学描述是在欧几里得的《几何原本》中，近似值约为 1.618。达·芬奇把黄金分割应用到了绘画

斐波纳奇数列

1、1、2、3、5、8、13、21……

相邻两个斐波纳奇数的比值会逐渐趋于黄金分割的比值

微积分

莱布尼茨（1646—1716年）
牛顿（1643—1727年）

贝克莱（1685—1753年）
无穷小悖论是**第二次数学危机**

"无穷小量"
是以 0 为极限的变量

柯西（1789 —1857年）

e=2.718281845……

雅各布·伯努利（1654—1705年）
欧拉（1707—1783年）

解析几何

笛卡儿（1596—1650年）

大数定律，中心极限
定理，贝叶斯分析
实际上是我们认识这个世
界的基础

把乘除法运算转化成
对数的加减法

纳皮尔（1550 —1617年）

任何一个实数，都可以通过
90 度旋转，变成一个虚数

高斯（1777—1855年）

代数

花剌子米
（约 780 —约 850 年）
南北朝时期的《孙子算经》

非欧几何

鲍耶（1802—1860 年）
罗巴切夫斯基（1792—1856 年）
黎曼（1826—1866 年）

三万年的数学

篇章名	科学概念	涉及科学家或科学事件	对应课本
数的起源	数的起源	古人刻痕记事	小学一年级
位值计数	数位的概念	十进制、二进制等	小学至中学阶段
0 的来历	0	0 的由来	小学低阶
大数和小数	小数和大数	普朗克	小学中高年级
古代第一大数学门派	勾股定理	毕达哥拉斯	小学高年级
无理数的来历	无理数	毕达哥拉斯	小学高年级至中学
《几何原本》	平面几何	欧几里得的《几何原本》	初中
说不尽的圆之缘	圆周率 π	阿基米德，祖冲之	小学高年级至中学
黄金分割定律	黄金分割率	阿基米德，达·芬奇	初中
看懂代数	代数	鸡兔同笼，花剌子米	小学高年级至中学
对数的由来	对数	纳皮尔	初中
解析几何	解析几何，坐标系	笛卡儿	初中至高中
微积分	微积分	牛顿，莱布尼茨	初中到高中
无处不在的欧拉数	欧拉数	欧拉	初中到高中
概率统计"三大招"	概率论	高斯，贝叶斯	高中
虚数和复数	虚数、复数	高斯	初中到高中
非欧几何	非欧几何	黎曼	高中
从一到九	总结性章节	《几何原本》《九章算术》	

两千年的物理

篇章名	科学概念	涉及科学家或 科学事件	对应课本
第一个测出地球周长的人	平面几何，天文学	埃拉托色尼	小学
最早提出日心说的科学家	岁差现象，月食	阿里斯塔克	中学物理
史上视力最好的天文学家	一年有多少天	喜斯帕恰	中学物理
裸奔的科学家	浮力定律，圆	阿基米德	小学至初中物理、数学
让地球转动的人	太阳系系统，日心说	托勒密、哥白尼	中学物理
行星运动三大定律	行星轨道	第谷、开普勒	中学物理
科学史上的三个"父亲"头衔	重力、惯性	伽利略	中学物理
苹果有没有砸到牛顿	牛顿三大定律	牛顿	小学高年级至中学
法拉第建立电磁学大厦	电磁感应	法拉第	中学物理
写出最美方程的人	麦克斯韦方程	麦克斯韦	中学物理
它和"熵"这种怪物有关	热力学	玻尔兹曼	中学物理、化学
爱因斯坦的想象力	光电效应，相对论	爱因斯坦	中学物理
关于光的百年大辩论	波粒二象性	光的干涉实验等	中学物理
史上最强科学豪门	"行星原子"模型	玻尔、普朗克	中学物理
量子论剑	量子力学	爱因斯坦、玻尔	中学物理
宇宙大爆炸	红移	哈勃	小学至中学
物理学五大"神兽"	总结性章节	奥伯斯、薛定谔	
来自星星的我们	总结性章节	物理和化学	

百年计算机

篇章名	科学概念	涉及科学家或科学事件	对应课本
语文老师和科学通才的第一之争	计算器	最早的计算器	小学科学课
编程的思想放光芒	打孔	打孔程序	初中物理
电子时代的传奇	电子管	最早的电脑	中学物理
两大天才：图灵和冯·诺伊曼	二进制	图灵和冯·诺伊曼	小学至中学数学
小小晶体管里面的小小恩怨	半导体材料	晶体管	中学物理
工程技术的魅力	集成电路	芯片制造	中学计算机
一顿关于逻辑的晚餐	与或非逻辑	布尔和辛顿	中学数学，计算机
语言的进阶	编程语言	c 语言	中学计算机
"大 BOSS"操作系统	操作系统	微软，Linux	小学至中学计算机
"1+1="在电脑里的奇遇	电脑硬件	电脑运行过程	中学计算机
全世界的计算机联合起来	互联网	克莱洛克	小学至中学计算机
把计算机穿戴在身上	物联网	智能手表	中学计算机
神经网络知多少？	人工神经网路	麦卡洛克和皮茨	
从"深度学习"到"强化学习"	人工智能，深度学习	阿尔法狗	
仿造一个大脑	超级计算机	米德	
将大脑接上电脑	脑机结合	大脑网络	
"喵星人"眼中的量子计算机	量子计算机	量子霸权	
人工智能	总结性章节	阿西莫夫	